F O R U M   D I D E R O T

La biologie est-elle un humanisme ?

PRESSES UNIVERSITAIRES DE FRANCE

FORUM DIDEROT

Collection dirigée par
Pierre Fédida et Dominique Lecourt

ISBN 2 13 049929 5

Dépôt légal — 1re édition : 1999, mars

108, boulevard Saint-Germain, 75006 Paris

Philosophes, scientifiques, juristes... font état de leurs recherches et de leurs interrogations face aux rapides mutations des sciences du vivant. Cette rencontre est le *Forum Diderot.*

Imaginée par Pascal Nouvel, elle est organisée par le Centre d'études du vivant (Université Paris 7 - Denis-Diderot) et par l'Association Diderot dont le président est Dominique Lecourt, en partenariat avec *La Recherche* et les Presses Universitaires de France et Synthélabo.

Ont participé à ce Forum, le 19 mai 1998 :

Jacques Arnould
Pierre Fédida
Jean Gayon
Dominique Lecourt
Alain Prochiantz

Débat animé
par Dominique Lecourt

Sommaire

7 Avant-propos

11 *Ecce homo.* Revendications et enjeux d'un humanisme chrétien, *par Jacques Arnould*

23 Biologie et humanité de l'homme, *par Jean Gayon*

37 De la biologie comme anti-humanisme radical, *par Alain Prochiantz*

67 Sur l'illusion humaniste, *par Pierre Fédida*

Avant-propos

Notre question nous y invite, et le temps nous y incite, commençons par une histoire. Reportons-nous au temps du premier humanisme, celui de la Renaissance. Rejoignons vers la fin de l'année 1485 un jeune aristocrate italien de 22 ans au renom déjà sulfureux : Giovanni Pico, comte de Mirandola et Concordia. Il a conçu l'extraordinaire projet de réunir à Rome, sous la présidence du pape Innocent VIII, les plus grands savants d'Italie pour une *disputatio* – un débat – inouï sur « les sublimes mystères de la théologie chrétienne, sur les questions les plus profondes de la philosophie et sur des doctrines inconnues ».

Son ambition, l'entreprenant jeune homme l'exprime dans une *oratio* – un discours – que la censure ne lui permettra pas de prononcer, pas plus qu'elle ne l'autorise à réunir son monde. Ce discours devait introduire 900 conclusions à débattre. On le connaît sous le titre dont on l'a gratifié en 1557 : *De hominis dignitate.*

Il résume bien l'objectif ultime de la réunion

projetée : affirmer ce qui fait la valeur, le mérite, de l'homme. Cette immense *disputatio* est supposée manifester la concordance fondamentale entre toutes les doctrines existantes sur « les principes des choses, humaines et divines » (philosophes et théologiens latins, aristotéliciens arabes, péripatéticiens grecs, platoniciens, ésotériques...).

On ne saurait s'en tenir là, et se contenter de saluer l'audace et la persévérance d'un infatigable lecteur ! Car si Pico fut condamné, ce ne fut pas tant pour l'intérêt qu'il portait à la kabbale que pour la conception de l'homme qui se profilait dans le discours comme fruit de la concordance des thèses. Une conception qui ne « concordait » ni avec la doctrine de l'Église, ni avec les vues des autres humanistes.

Le désaccord de Pico avec l'Église va de soi, puisqu'il ne se satisfait pas de la conception qu'elle se fait de la valeur de l'homme comme ayant été créé à l'image de Dieu, et occupant ainsi, malgré le péché originel, une place éminente dans l'ordre de la création. Sa dignité, l'homme la conquiert dès lors qu'il tourne ses regards vers son créateur.

Mais, pas plus donc qu'il ne se range dans le camp de l'humanisme chrétien, Pico ne s'accorde à l'humanisme magique de ses contemporains. Il ne voit pas dans l'homme un microcosme dont la nature et la perfection consisteraient à refléter l'ordre harmonieux du macrocosme.

La dignité de l'homme, selon le jeune Pico, c'est ce qui fait précisément sa différence radicale d'avec toutes les autres réalités naturelles. Son grand privilège consiste à ne point avoir de place dans l'ordre des êtres. « D'être seulement ce qu'il devient, et de devenir ce qu'il se fait. » Bref, comme le dit si bien Yves Hersant dans la préface qu'il a rédigée pour une excellente traduction française de ce texte : « Par le plus fécond des paradoxes, c'est sur l'absence de nature humaine que se fonde l'humanisme mirandolien. »

Il est temps de quitter la Renaissance et de poser quelques questions brusques.

Peut-on dire que la biologie contemporaine puisse soutenir un humanisme chrétien, c'est-à-dire que soit assignée à l'homme une place centrale dans l'ordre de l'univers ? Peut-on dire au contraire qu'elle dessine les traits d'un humanisme athée (ou agnostique) contre le premier, comme de nombreux biologistes semblent le penser, selon une inspiration qui trouverait ses origines dans la pensée des humanistes de la Renaissance ?

Doit-on plutôt affirmer que c'est à la conception avancée par Pic de la Mirandole que la biologie viendrait apporter son crédit : l'homme serait un être dont la nature consisterait à n'en point avoir ? Thèse qui pourrait se prolonger en une sorte d'« inhumanisme » dans le registre sadien qu'affectionne Alain Prochiantz.

Au bout du compte, en quoi la biologie est-elle supposée nous apporter une conception de l'homme ; et une conception à laquelle nous soyons incités à adhérer, à accorder foi, comme disent même les plus laïcs d'entre les humanistes ? Que penser de la prétention de la biologie à s'emparer de l'ensemble des comportements humains pour les soumettre à l'emprise de ceux qui exercent quelque pouvoir sur ce vivant particulier qu'est l'être humain – médecins, psychiatres, assureurs... ? N'est-ce pas d'une réflexion sur la condition humaine qu'il conviendrait de repartir, des conflits qui la traversent toujours pour déterminer la manière d'être humain que nous jugeons bon de réaliser ?

Dominique Lecourt.

Ecce homo
Revendications et enjeux d'un humanisme chrétien

Ecce homo. Voici l'homme. Le christianisme n'a jamais craint de prendre à son propre compte le mot de Ponce Pilate (Jn 19, 5), tant une revendication humaniste lui est pour ainsi dire congénitale. J'entends par revendication humaniste cette prétention chrétienne à être « experte en humanité » ou encore à posséder une conception particulière de la culture, de la morale, de la pédagogie qui repose sur l'anthropologie chrétienne. Des traces d'un tel humanisme chrétien, on en trouve dans les écrits de Pères de l'Église, comme Justin ou Clément d'Alexandrie. Leur pensée est fondée sur deux convictions :

– le savoir, dans quelque domaine que ce soit, s'il est régi par un esprit « catholique », autrement et étymologiquement dit dans l'amour de la vérité « intégrale » ou « globale », est révélateur du Verbe divin qui s'est incarné en Jésus-

Christ et dont les semences (les *logoi spermatikoi*) sont répandues par toute la terre et par tous les siècles ;

– les vérités naturelles, les sciences, la philosophie, bref la culture profane, sont une préparation indispensable à la formation de l'âme religieuse et de l'intelligence chrétienne. Cette culture, en effet, éveille l'esprit non seulement aux œuvres de la raison, mais également aux vérités spirituelles et religieuses. Pour étayer cette approche optimiste et confiante dans les ressources de l'humanité, les Pères de l'Église n'hésitent pas à affirmer que les penseurs de la Grèce antique, Socrate en tête, ont été inspirés par une grâce mystérieuse afin de préparer les âmes à la venue du Christ. Légende poétique qui conduit Augustin d'Hippone à penser que Pythagore et Platon se sont inspirés de la Bible et Eusèbe de Césarée à qualifier ce dernier de « Moïse laïcisant » !

Que penser de telles annexions (que certains auteurs chrétiens n'hésitent pas à considérer comme rédemptrices) ? A l'intérieur même des Églises chrétiennes, ceux qui les pratiquaient ont parfois été accusés de pélagianisme (voire de paganisme) : montrer un tel intérêt pour les écrits profanes, n'est-ce pas accorder une confiance excessive à la liberté ou l'esprit humain et tomber sous la condamnation du concile d'Éphèse (en 431) ? Les premiers théologiens-humanistes chrétiens n'échappent probablement pas tous à cette tendance ; toutefois, au cours des vingt siècles qui nous séparent désormais de l'apparition de Pierre au village de Joppé [1], la plupart des théologiens et des penseurs chrétiens qui ont cherché à élaborer une pensée humaniste sont revenus, pour s'y inspirer, à la pensée antique : Pétrarque, qui s'émerveille que Cicéron conduise au seuil de la sagesse chrétienne ; Lefèvre d'Étaples, qui affirme l'accord des doctrines de Platon et d'Aristote avec la révélation chrétienne ; Érasme, qui invente cette étonnante formule : « Saint Socrate, priez pour nous ! » ; Guillaume Budé qui, dans son *Institution du prince*, rappelle que Moïse et Daniel étaient parfaitement instruits des sciences des Égyptiens et des Chaldéens ; Ignace de Loyola, Mabillon... jusqu'à Pie XI qui rappelle, dans sa lettre encyclique *Ad catholici*

1. Le livre des Actes des Apôtres rapporte une vision de l'apôtre Pierre, au cours de laquelle il reçoit l'ordre de sacrifier et de manger des animaux considérés comme impurs par la loi juive. Par trois fois, il s'y refuse et entend une voix lui répondre : « Ce que Dieu a purifié, toi, ne le dis pas souillé » (voir le chapitre 10 des Actes des Apôtres). Jean de Salisbury, au XIIe siècle, écrit à propos de ce passage de l'Écriture : « Le Père de l'Église (Pierre) reçut l'ordre de tuer et de manger les reptiles et les animaux impurs. Ce trait, qui se réfère proprement à la vocation des gentils, peut nous enseigner aussi à annexer les écrits des païens en écartant leurs erreurs. Cueillons les roses, évitons les épines. »

sacerdotii (20 décembre 1935), qu'« après avoir gardé et sauvé les trésors de la culture antique qui sans elle et ses monastères se seraient presque entièrement perdus, l'Église a montré dans ses plus illustres docteurs comment toutes les connaissances humaines peuvent servir à confirmer et à défendre la foi catholique ».

Le récent *Catéchisme de l'Église catholique* (1992) se montre moins prompt à l'apologétique que Pie XI, mais n'en réaffirme pas moins les fondements de tout humanisme chrétien. Il rappelle que la loi naturelle « est exposée en ses principaux préceptes dans le Décalogue. Cette loi est dite naturelle non pas en référence à la nature des êtres irrationnels, mais parce que la raison qui l'édicte appartient en propre à la nature humaine » (n° 1955) [1]. De même que la loi naturelle n'offre pas seulement un code de bonne conduite ou encore les fondements de règles morales et de lois civiles mais bien les assises à l'œuvre de l'Esprit, de même le Décalogue, expression privilégiée de la loi naturelle, est-il une préparation à la loi de l'Évangile, « plénitude vivante de la charité jamais satisfaite de ne

1. Le *Catéchisme* cite ensuite Thomas d'Aquin : « La loi naturelle n'est rien d'autre que la lumière de l'intelligence mise en nous par Dieu ; par elle, nous connaissons ce qu'il faut faire et ce qu'il faut éviter. Cette lumière ou cette loi, Dieu l'a donnée à la création. »

pas donner davantage » (n° 1974). Intégration successive de la loi naturelle, de la loi mosaïque et enfin de la loi évangélique, dont le cœur demeure le premier article du Décalogue, la confession monothéiste : « Je suis le Seigneur ton Dieu qui t'ai fait sortir du pays d'Égypte, de la maison de servitude. Tu n'auras pas d'autres dieux devant moi » (Dt 5, 6-7). L'image de l'homme, telle qu'une culture peut la construire à travers sa conception de la vie (politique, économique, sociale, éthique), est inséparable, en judaïsme puis en christianisme, de la foi en un Dieu unique, tel qu'il se révèle dans une « histoire sainte ».

Le philosophe chrétien Jacques Maritain ne défend pas une idée différente lorsqu'il écrit, dans son *Humanisme intégral* (1936) : « C'est trahir l'homme et Dieu tout à la fois de ne pas comprendre que l'histoire est en mouvement vers le royaume de Dieu, et de ne pas vouloir que ce royaume arrive » (p. 68-69). Mais, au milieu de toutes les histoires vécues par les croyants avec leur Dieu, en particulier celles de lutte, d'exil ou de libération (du désormais mythique esclavage en Égypte aux communautés sud-américaines inspirées par la théologie de la libération, en passant par le drame des camps de concentration et le retour en terre de Palestine), le chrétien donne une place prééminente à celle que lui révèlent les Évangiles, autrement dit la vie de Jésus-Christ.

Ecce homo. Il n'y a pas d'humanisme chrétien en dehors d'une véritable prise au sérieux de la personne du Christ, confessé vrai homme et vrai Dieu. Il n'est pas dans mon propos de développer ici une christologie, pas plus qu'une anthropologie christologique. Je voudrais seulement souligner combien, à mon sens, la confession christologique relativise, critique, voire met en péril, toutes les formes de dogmatisme, de sclérose théologique ou d'intégrisme, comme toutes celles de revendication humaniste ou de théorie évolutionniste. Et Dieu sait si, au long des vingt derniers siècles, elles n'ont pas manqué ! L'image de l'Homme-Dieu met en permanence en procès toutes celles de la personne humaine ou de l'humanité que les sociétés ne cessent d'élaborer. Est-ce pour autant que Maritain ait raison lorsqu'il prétend qu'« appuyée sur le dogme révélé, l'idée chrétienne de l'homme et de la personne humaine n'a pas été ébranlée par le darwinisme » (p. 37). Je n'en suis pas certain. Si tel avait été le cas, le siècle qui s'est écoulé n'aurait pas connu les condamnations romaines au moment de la crise moderniste, l'encyclique *Humani generis* (*... sur certaines opinions fausses qui menacent de ruiner les fondements* *de la doctrine chrétienne*, 1950) ou encore les mouvements créationnistes. Nous le savons, ce qui, des idées héritées de la biologie du XXe siècle, a fait peur à de nombreux chrétiens, c'est précisément une forme de remise en cause de l'idée traditionnellement admise de la personne humaine : « S'il est vrai que l'homme descende du singe, prions pour que cela ne s'ébruite pas ! » s'exclame, en 1860, l'épouse d'un évêque anglican. Une prière non exaucée : après l'anthropocentrisme cosmologique, c'est au tour de l'anthropocentrisme biologique d'être battu en brèche par le développement des sciences...

Je ne retiendrai qu'un exemple du changement occasionné par les faits et les théories de l'évolution du cosmos et du vivant sur l'affirmation christologique : la réhabilitation du Christ cosmique. C'est le jésuite Pierre Teilhard de Chardin [1] qui a remis à l'honneur cette ancienne

1. « A partir d'un Oméga évolutif où on le suppose placé, non seulement il devient concevable que le Christ rayonne *physiquement* sur la totalité effarante des choses, mais encore il est inévitable que ce rayonnement atteigne un maximum de pénétration et d'activation. Érigé en Moteur Premier du mouvement évolutif de complexité-conscience, le Christ-cosmique devient cosmiquement possible. Et en même temps, *ipso facto*, il acquiert et développe, en toute plénitude, une véritable *omniprésence de transformation*. Toute énergie, tout événement, pour chacun de nous, se suranime de son influence et de son attrait. En dernière analyse, la Cosmogenèse, après s'être découverte, suivant son axe principal, Biogenèse, puis Noogenèse, culmine en la Christogenèse que tout chré-

notion théologique, oubliée par une tradition chrétienne d'Occident trop tentée de dissocier l'univers physique, fruit de l'œuvre créatrice de Dieu, et l'univers spirituel ou encore l'âme des croyants, seule « cible » vraiment intéressante pour l'acte rédempteur posé par le Christ. Quoi qu'il en soit de la pensée théologique propre à Teilhard de Chardin, je trouve dans cette notion plusieurs traits susceptibles de contribuer à une réflexion humaniste chrétienne, non sans lien avec les développements de la biologie contemporaine.

Le premier trait est précisément la dimension cosmique de cette christologie. Si l'on s'en réfère à plusieurs écrits de Paul (ce que l'on nomme les hymnes christologiques), l'œuvre du Christ ne se réduit ni au seul peuple juif, ni à celui des chrétiens, ni même à l'humanité, mais concerne l'ensemble de la réalité ou du cosmos, autrement dit, en régime chrétien, l'ensemble de la création. Est-ce vraiment étonnant lorsque l'on définit théologiquement la notion de création comme une relation entre le Créateur et sa créature (Thomas d'Aquin). Une relation qui n'exclut pas mais au contraire invite à prendre au sérieux les relations qui peuvent exister entre

---

tien révère. » (Pierre Teilhard de Chardin, « Le Christique » (1955), dans *Œuvres*, t. 13, Paris, Seuil, 1976, p. 108-109.)

les créatures elles-mêmes. Il faut donc faire son deuil de toute revendication, prétention ou rêverie strictement et orgueilleusement anthropocentrique pour se convertir plutôt à un humanisme cosmique ou de communion, dont la première caractéristique est certainement la capacité relationnelle de la personne humaine. Une telle idée peut paraître évidente pour un sociologue ou un écologiste ; elle l'est beaucoup moins pour une théologie chrétienne qui fut, je le répète, souvent habituée à penser la réalité physique et biologique en terme de décor pour le drame humain, le Christ risquant alors d'être réduit au rôle de chiffonnier d'Emmaüs des poubelles de l'évolution [1].

Or l'évolution doit être prise au sérieux ; c'est la deuxième caractéristique de la christologie cosmique. Même si cela peut paraître paradoxal pour une tradition qui s'est opposée à une vision cyclique du temps, l'idée que la réalité puisse être évolutive et marquée par la contingence, que tout n'ait pas été là toujours et d'emblée, a rencontré bien des difficultés à être admise ;

1. Le drame de l'évolution, pour une pensée chrétienne « pré-évolutionniste », est la fin de la fixité du monde, l'existence de la sélection et de la disparition des espèces. Le salut apporté par le Christ peut alors être compris comme une compensation de ces pertes, incompréhensibles pour une lecture trop littérale, voire concordiste, du « Dieu vit que cela était bon ».

l'est-elle d'ailleurs désormais ? Je n'en suis pas sûr. Je ne puis m'étendre sur les difficultés que rencontre l'idée d'évolution, au sein de la tradition chrétienne ; par contre, je tiens à en souligner l'intérêt : celui d'inviter à reconsidérer sérieusement les thèmes de l'élection, du choix, de la finalité, en ne les cantonnant plus à la seule espèce humaine (voire à une partie d'elle), mais en l'étendant à l'ensemble de la création [1].

Une troisième caractéristique, enfin, de la christologie cosmique est son degré d'ouverture. Il ne faudrait pas se laisser abuser par les termes de point Oméga, de convergence, d'union ou d'accomplissement, propres à cette théologie du Christ cosmique : elle s'inscrit en faux contre toutes les formes de pensée qui fondent le salut de l'homme dans ses seules forces (selon la définition de l'humanisme par Lalande, dans son *Vocabulaire technique et critique de la philosophie*) ; elle affirme que ce salut se trouve au-delà de l'homme. Sans pour autant nier la nature et la condition qui sont celles de la personne humaine.

Ecce homo, disait Ponce Pilate de celui qui avait affirmé à ses disciples : « Je suis le chemin, la

1. Cf. Jacques Arnould, *La théologie après Darwin*, Paris, Cerf (Théologies), 1998.

vérité et la vie. » Je ne crois pas que notre connaissance comme notre maîtrise du vivant puissent mettre en cause une affirmation qui relève de la foi seule ; elles peuvent seulement nous contraindre, une fois encore, à interroger les fondements sur lesquels nous répondons à l'invitation (pour ne pas dire à la contrainte) qui est probablement une des caractéristiques propres aux membres de notre espèce : choisir d'être humain.

Frère Jacques Arnould, dominicain.

Jacques Arnould est dominicain. Ingénieur agronome et docteur en théologie, il s'intéresse aux relations entre sciences, cultures et religions, avec un intérêt particulier pour deux thèmes : celui du vivant et de son évolution, celui de l'espace et de sa conquête.

Au premier, il a consacré plusieurs ouvrages et articles d'histoire ou de théologie (voir bibliographie). Sur le second, il travaille pour le Centre national d'études spatiales à plusieurs études sur la dimension sociale et culturelle des activités spatiales.

Bibliographie

Les créationnistes, 1996.
Darwin, Teilhard de Chardin et Cie, 1996.
Les avatars du gène (en coll.), 1997.
La théologie après Darwin, 1998.

Biologie et humanité de l'homme

La première occurrence connue du mot « biologie » se trouve dans un traité allemand de médecine paru en 1800. L'auteur, Karl Friedrich Burdach, l'utilise incidemment pour désigner une subdivision de l'anthropologie. Dans les deux années qui suivent, Bichat (1801) et Lamarck en France (1801 et 1802), Treviranus en Allemagne (1802), ont repris ce terme pour désigner le projet d'une science générale de la vie. Bichat était médecin ; Lamarck était naturaliste ; Treviranus était médecin et naturaliste. De 1800 à 1830, le mot fut occasionnellement utilisé en allemand et en français. C'est Auguste Comte qui l'a popularisé et imposé, en tant que nom d'une science aussi fondamentale que l'astronomie, la physique et la chimie. Dans le *Cours de philosophie positive* (1830-1842, 40e leçon), le père du positivisme plaide en faveur d'une science qui étudierait les propriétés communes à l'ensemble des êtres vivants, en même temps que la diversité de ceux-ci. Cette science, selon Comte, doit absolument être émancipée de la tutelle des médecins, et pour cette raison être nommée « biologie » plutôt que « physiologie », terme qui rappelle trop la subordination ancestrale de l'étude de la vie à la médecine. Vers 1850, le programme ainsi dessiné a commencé à prendre corps dans la communauté scientifique européenne : des sociétés, des revues, des chaires de « biologie » sont apparues un peu partout. La biologie est ainsi devenue une discipline.

Rétrospectivement, l'on peut dire aujourd'hui que la « biologie » a honoré l'intention théorique dont elle était née : il existe incontestablement aujourd'hui une science unitaire et exclusive des phénomènes de la vie, une science qui rend compte de ces phénomènes et d'eux seuls. Trois théories témoignent de la vision unitaire des êtres et des phénomènes de la vie en tant qu'êtres et phénomènes de tous autres : une théorie de nature historique – la théorie de l'évolution –, et deux théories portant les composants des êtres vivants – la théorie cellulaire et, plus récemment, la biologie moléculaire –. L'émergence de la « biologie » s'est donc accompagnée d'une délimitation stricte du sens et de l'extension du concept de vie. C'est là un fait d'une immense importance dans l'histoire du savoir, que l'on a tendance à sous-estimer, tant le mot « vie » semble aller de soi dans l'expression « science de la vie ». En réalité, avant le XIXe siècle, la « vie » est une notion floue qui, rayonnant à partir de l'homme, s'enfonce plus ou moins profondément dans la matière. Comme l'a bien montré Michel Foucault dans *Les mots et les choses*, il est impossible de trouver une limite précise à l'extension de la « vie » dans la pensée classique. A l'ère de la « biologie », la perspective s'inverse : le domaine de la vie est borné, et l'homme y a sa place assignée. Corrélativement, les spécialistes de la « vie » perdent leur attache dominante avec la médecine, donc avec l'homme.

L'association Diderot et le Centre d'études du vivant nous invitent à réagir à la question : « La biologie est-elle un humanisme ? » Cette demande crée un malaise de langage. On peut, sans doute, imaginer des formules voisines, mais moins énigmatiques. Comme par exemple : « La biologie est-elle une discipline humaniste ? » A quoi il faudrait, bien sûr, répondre négativement. Non, assurément, la biologie ne saurait être rangée parmi les « humanités », ces sciences ou arts que l'on qualifiait à la Renaissance comme *litterae humaniores* – les « écrits plus humains » –, c'est-à-dire les écrits où il est question de rendre l'homme plus humain, plutôt que de contempler la nature et d'en construire une représentation objective.

Une autre manière de contourner la question de ce forum serait de la comprendre ainsi : « Les biologistes sont-ils ou ont-ils été des humanistes ? » Sur cette question de fait, la réponse serait tout aussi évidente : ce serait « tantôt oui, tantôt non ». La biocratie de l'Allemagne nazie était sans aucun doute assez éloignée de l'humanisme, quelque sens que l'on donne à ce mot ; les biologistes d'aujourd'hui, sujets et acteurs d'innombrables entreprises bioéthiques, baignent en revanche dans un discours qu'ils situent eux-mêmes comme « humaniste ».

Toutefois ces reformulations nous éloignent de la question, de l'énigme, de la « provocation » – pour reprendre le mot de Pierre Fédida – de ce forum.

Ce qui nous est demandé, c'est si la biologie est un humanisme, si donc une certaine science, la « biologie » – avec son contenu propre de connaissance –, a par elle-même le caractère d'une conception philosophique. Nous serions sans doute plus à l'aise face à des questions du genre suivant : « Le positivisme d'Auguste Comte était-il un humanisme ? » – oui, bien sûr, la « Religion de l'humanité » est l'une des premières conceptions philosophiques auxquelles l'on a *de facto* appliqué ce qualificatif). Ou bien : « L'existentialisme est-il un humanisme ? », « Le marxisme est-il un humanisme ? », ou encore :

« Le christianisme est-il est un humanisme ? » Toutes ces questions nous sont familières. Il a existé, de fait, un « humanisme positiviste », un « humanisme existentialiste », un « humanisme chrétien ».

L'idée d'un humanisme biologique n'a pas la même évidence historique. Au demeurant, je ne pense pas que la question « La biologie est-elle un humanisme ? » soit d'abord une question historique, une question de fait. Ce ne sont pas les individus, les institutions, les pratiques qui sont en cause, lorsque l'on érige LA biologie, dans toute l'étendue de ses significations, en objet de questionnement. La question est philosophique.

S'il faut faire front à cette question philosophique, il faut oser une définition, une délimitation conceptuelle de « la biologie ». Une caractérisation minimale suffira. Je l'ai déjà fournie, en me référant platement à l'histoire effective du mot. La biologie est le nom d'un certain projet de connaissance, spécifique des temps modernes, et consistant à explorer un domaine d'êtres naturels bien délimités, les « êtres vivants », et les phénomènes spécifiques qui leur sont associés. Nous sommes sans doute actuellement dans la période de l'histoire humaine où l'on s'est le plus acharné à délimiter l'espace phénoménal propre de la vie, ou plus exactement à délimiter la vie comme un espace phénoménal spécifique. Avec le succès que l'on sait. Or cette période est aussi celle où le mot d'humanisme est apparu et a fait florès. « Humanisme », c'est là une expression qui fut d'abord utilisée, au milieu du XVIIIe siècle, comme synonyme de « philanthropie ». Au XIXe siècle, en allemand puis dans les autres langues européennes, le mot a pris un tour philosophique conventionnel : « humanisme » est devenu le nom de tout système philosophique pour lequel l'homme générique – l'humanité – est le socle ultime de toute signification et de toute valeur. Proudhon, Comte, James, sont de ce point de vue des philosophes « humanistes », c'est-à-dire des penseurs pour qui la philosophie « concerne des êtres humains qui s'efforcent de comprendre un monde qui est celui de l'expérience humaine, et avec des ressources qui sont celles d'esprits humains » (Schiller, *Études sur l'humanisme*, 1907).

Cette coïncidence mérite réflexion. Nous autres modernes, accordons une signification précise et une importance considérable à la « connaissance de la vie » – la « biologie ». Dans quelle mesure cette connaissance peut-elle servir de repère dans un questionnement sur l'humanité de l'homme ? Dans quelle mesure la connaissance de la vie nous commet-elle en faveur, ou contre, une réponse « humaniste » à la question de l'humanité de l'homme ?

Deux penseurs du XXe siècle se sont exprimés sur ce sujet avec une particulière vigueur, Martin Heidegger et Georges Canguilhem. Tous deux ont pris au sérieux la question du rôle possible de la connaissance de la vie pour la compréhension de l'humanité de l'homme. Tous deux ont conclu à une réponse non humaniste à cette question, mais pour des raisons différentes. Heidegger l'a fait en 1946, au lendemain de la guerre, à la veille du procès de Nüremberg, dans sa fameuse lettre à Jean Beauffret sur l'humanisme, et Georges Canguilhem dans une conférence donnée à la même époque devant le Collège de philosophie. La convergence thématique de ces deux textes, d'ambition si différente par ailleurs, est remarquable, de même que leur absolue divergence des réponses.

Heidegger institue de la manière la plus explicite le procès philosophique de l'humanisme (*Lettre sur l'humanisme* [1946]). Il lui faut pour cela un concept unifié de l'humanisme. Le philosophe allemand est peut-être bien le seul à avoir proposé quelque chose de convaincant sur ce sujet. L'humanisme, dit-il, c'est « la philosophie de l'homme-roi ». L'humanisme, dans toutes ses versions, pose l'homme comme un sujet au centre de l'étant considéré comme objet de son connaître et de son agir » (p. 49). Une fois cette nature humaine posée, l'humanisme se présente comme « un effort visant à rendre l'homme libre pour son humanité et à lui faire découvrir sa dignité ». D'une forme d'humanisme à l'autre, la conception de la nature humaine et les moyens de l'émancipation varient. Tantôt l'on insistera sur le fait que l'homme est un être qui pense (humanisme spiritualiste), tantôt sur son être social (humanisme marxiste), tantôt sur sa responsabilité (humanisme sartrien), tantôt sur son destin surnaturel (humanisme chrétien). Ce qu'il y a de commun à toutes ces conceptions, pour Heidegger, c'est que « l'*humanitas* de l'*homo humanus* est déterminée à partir d'une interprétation déjà fixe de la nature, de l'histoire, du monde, du fondement du monde, c'est-à-dire de l'étant dans sa totalité » (p. 49). Tous les humanismes ont ceci en commun : d'abord ils situent l'homme dans la totalité, ensuite ils le repèrent par un attribut qui l'installe dans l'immanence (immanence de son esprit, de son histoire collective, de sa responsabilité individuelle, par exemple).

Aux humanismes, le philosophe allemand oppose une autre vision de l'humanité de l'homme, qu'il juge « plus haute » : l'homme est habité par l'Être ; loin d'être seul dans sa subjectivité, il est le seul étant qui voisine avec l'Être, le seul étant jeté dans la vérité de l'Être (p. 77). De là, les fameuses formules poético-philosophiques de Heidegger : l'homme est « le voisin de l'Être », le « berger de l'Être ». A la solitude de l'humanisme (« il y a seulement des hommes »), Heidegger oppose qu'avec l'homme, et dans l'histoire de l'homme, « il y a principalement de l'Être » (p. 87).

Dans cette vision heideggérienne de l'homme, la référence au vivant joue un rôle argumentaire important. « L'Être vivant, dit-il, est probablement pour nous le plus difficile à penser, car il est, d'une certaine manière, notre plus proche parent » (p. 63). Le vivant, en effet, se comprend comme une sorte de subjectivité naturelle, un quelque chose pris dans un « univers environnant » qui tout à la fois conditionne sa vie et en reçoit sens en tant qu'environnement. » Les plantes et les animaux, privés de langage, « sont emprisonnés chacun dans leur univers environnant, sans être jamais librement situés dans l'éclaircie de l'Être... Dans ce mot d'univers environnant se concentre toute l'énigme du vivant » (p. 63-65). L'erreur de l'humanisme, pour Heidegger, est de partir de là pour qualifier l'homme : on qualifie d'abord l'homme comme un corps, un organisme, un animal ; puis on ajoute autre chose : l'esprit, la raison, la sociabilité, la liberté, par exemple. La subjectivité naturelle se trouve alors prolongée en une subjectivité métaphysique, gnoséologique, historique, morale, etc. Naturalisme et humanisme se donnent la main, l'un faisant la courte échelle à l'autre. Ainsi triomphe l'image de l'homme-roi solitaire. Ainsi l'homme oublie-t-il sa vocation à être ce par quoi l'Être se manifeste, ce par quoi il y a de la vérité (comprise comme « manifestation » ou « révélation » de quelque chose). L'humanité de l'homme, pour Heidegger, ce n'est point qu'il soit seul, c'est plutôt qu'il est l'unique étant pour qui il se produit une « éclaircie de l'Être », l'unique étant dont l'essence soit « extatique ».

Pour Heidegger, par conséquent, la connaissance de la vie égare le philosophe dans sa quête de l'humanité de l'homme. L'on n'est pas sur la bonne voie lorsqu'on définit l'homme comme un vivant parmi d'autres qui aurait, en quelque sorte de surcroît, la grâce d'une qualité exceptionnelle (un corps plus une âme, un animal doué de raison, un animal politique, etc.).

L'année même où Heidegger publiait sa *Lettre sur l'humanisme,* Georges Canguilhem (1904-1996), dans une étude de philosophie biologique, se demande aussi si l'animalité de l'homme peut nous éclairer sur son humanité. La conférence intitulée « Le vivant et son milieu » s'achève en effet sur une remarquable méditation sur « le vivant humain ». Canguilhem note que les sciences physiques ont accrédité l'idée d'un milieu spécial dans lequel l'homme aurait le privilège de se situer : « L'homme, en tant que savant, construit un univers de phénomènes et de lois qu'il tient pour un univers absolu. La fonction essentielle de la science est de dévaloriser les qualités des objets composant le milieu propre, en se proposant comme théorie générale d'un milieu réel, c'est-à-dire inhumain » (p. 152-153).

Or, le philosophe des sciences de la vie s'insurge contre cette idée. La science, dit-il, n'est pas d'abord ni seulement une vision du monde, elle est « l'œuvre d'une humanité enracinée dans la vie avant d'être éclairée par la connaissance... Le milieu propre des hommes n'est pas situé dans le milieu universel comme un contenu dans son contenant » (p. 154). C'est plutôt l'inverse : le milieu scientifico-technique de l'homme, si élargi soit-il, n'est pas détaché du « milieu propre de l'homme », c'est-à-dire du « champ de son expérience pragmatique ». Il est « centré sur lui et par lui », comme le milieu de tout être vivant. Comme tout vivant, l'homme, en tant qu'il perçoit et éprouve des besoins est pour soi-même un centre absolu de référence. Aussi pour Canguilhem, la vie, en nous instruisant sur la nature de la connaissance, nous instruit aussi sur l'humanité de l'homme. Canguilhem, assurément, conteste lui aussi le mythe du roi humain solitaire, mais pour une autre raison que Heidegger : l'homme est unique, mais au même titre que tout être vivant. L'homme a une valeur, et en particulier une éminente valeur pour lui-même, mais il n'est pas pour autant l'unique valeur.

La biologie est-elle un humanisme ? J'ai reformulé cette question : la connaissance de la vie peut-elle nous éclairer sur l'humanité de l'homme ? Les deux réponses philosophiques contemporaines que j'ai examinées vont dans des directions diamétralement opposées. Heidegger le métaphysicien pointe l'expérience de la vie comme la source de l'erreur humaniste. Pour lui, la vie engage le philosophe sur la voie de la subjectivité et de l'immanence, lui faisant oublier sa vocation extatique d'être une fenêtre ouverte sur l'Être. A cette conception ascendante de l'humanité de l'homme, l'épistémologue-médecin qu'était Canguilhem oppose une vision de la dignité humaine qui l'enracine dans les valeurs de la vie.

Textes cités

– Bichat X., *Anatomie générale appliquée à la physiologie et à la médecine* [1801], Paris. – Burdach K.F., *Propädeutik zum Studium der gesammten Heilkunst*, Leipzig, 1800. – Canguilhem G., « Le vivant humain » [conférence, 1946], reproduit dans *La connaissance de la vie*, Paris, Vrin, 1968. – Comte A., *Cours de philosophie positive* [1830-1842], Paris, Hermann, 1975. – M. Foucault, *Les mots et les choses*, Paris, Gallimard, 1966. – Lamarck & J.-B. de Monet, *Biologie ou considérations sur la nature, les facultés, les développements et l'origine des corps vivans* (manuscrit, vers 1800-1801, orthographe originale). Voir Klein M., « Sur l'origine du vocable "Biologie" », in *Regards d'un biologiste*, Paris, Hermann, 1980, p. 114-121. – Heidegger M., *Lettre sur l'humanisme* [1946], Paris, Aubier, 3e éd., 1983. – Lamarck, J.-B. de Monet, *Recherches sur l'organisation des corps vivans, sur son origine, sur la cause de ses développemens et des progrès de sa composition, et sur celle qui, tendant continuellement à la détruire dans chaque individu, amène nécessairement sa mort*, Paris, Maillard, 1802. – Schiller F.C.S., *Studies in Humanism* [1907], Westport (Connecticut), Greenwood Press, 1970.

Jean Gayon.

Jean Gayon est professeur d'Épistémologie et histoire des sciences de la vie et de la santé à l'Université Paris 7 - Denis-Diderot et membre senior de l'Institut universitaire de France.

Ses travaux portent sur l'histoire et la philosophie des sciences de la vie à l'époque contemporaine, en particulier la théorie de l'évolution et la génétique.

Bibliographie

Darwin et l'après-Darwin : une histoire de l'hypothèse de sélection naturelle, Kimé, 1992.

Buffon 88, Vrin, 1992.

Les figures de la forme, en coll. avec J.-J. Wunenburger, L'Harmattan, 1992.

Les sciences biologiques et médicales en France, 1920-1950, en coll. avec C. Debru et J.-F. Picard, Éd. du CNRS, 1994.

Le paradigme de la filiation, en coll. avec J.-J. Wunenburger, L'Harmattan, 1995.

*Alain Prochiantz**
De la biologie comme anti-humanisme radical

On dirait qu'il y a autant d'humanismes qu'il y a de conceptions du monde autour de cette table, même si chacune de ces conceptions semble, pour elle-même, prétendre à l'universel. Cela me permet de répondre immédiatement à la question posée par Dominique Lecourt : non seulement la biologie n'est pas un humanisme, mais elle me paraît susceptible de mettre fin à toute prétention de qui que ce soit à se présenter comme un humaniste ou à combattre pour un humanisme. N'hésitons pas devant la formule : la biologie est un anti-humanisme radical. Je vais essayer d'en donner quelques raisons. Ce faisant, je parlerai en biologiste, c'est-à-dire qu'en aucun cas je ne me permettrai de me placer sur le terrain de la philosophie ou du droit, et encore moins de la religion.

* Transcription de l'intervention orale de l'auteur.

Quel humaniste, de quelque tendance qu'il se veuille, renoncerait à revendiquer pour son propre humanisme un rapport privilégié à l'universel ? L'importance de cette revendication me paraît devoir être relevée. On me dira que la science, elle aussi, affiche des prétentions à l'universel. Sans aucun doute. Mais la biologie entretient, pour sa part, un rapport bien particulier à l'universel, et c'est cette particularité qui rend cette discipline singulièrement – c'est le mot – attachante. Si, comme je le prétends, la biologie rend l'humanisme impossible, c'est en effet qu'elle démontre qu'il existe autant d'humanismes qu'il y a d'individus. Si l'on s'en tient au strict plan de la nature, l'humanisme de chaque individu, c'est-à-dire sa conception du monde, apparaît moralement aussi valable que celui de n'importe quel autre individu vivant.

Si maintenant l'on sort de la nature biologique, et qu'on invoque des règles sociales ou des lois anthropologiques, c'est une autre affaire. On entre en effet dans l'ordre des lois humaines. Il est vrai que le vivant impose, en tant que tel, des conditions d'existence à ces lois humaines. Mais la seule question qu'un biologiste puisse se poser est d'essayer de comprendre si ces lois humaines se trouvent inscrites dans une nature humaine, c'est-à-dire déterminées par ses caractéristiques biologiques. Or la biologie, bien entendu, ne peut pas soutenir une telle assertion pour des raisons que j'ai défendues par écrit déjà plusieurs fois.

On notera en particulier que la découverte des gènes de développement et les recherches qui s'en sont suivies sur la « construction du cerveau » récusent la thèse d'un déterminisme génétique strict du comportement humain. Elles invitent à repenser la notion d'individualité, à n'y voir jamais qu'une conception précaire. Les conclusions éthiques que j'ai tirées de ces recherches font dire à mon ami Lecourt que je suis un héritier de Sade. Ce titre s'avère évidemment difficile à porter. Non que je n'aimerais pas Sade. Mais parce que c'est un esprit tellement supérieur que devant lui, plus que devant tout autre esprit philosophique, du XVIIIe siècle par exemple, on se sent tout petit. Personne n'a en effet pensé aussi fort que Sade la liberté de l'individu *contre* l'humanisme qui esclavagise cette liberté, qui la tient en laisse.

Cette force, cette virulence, rend la lecture de Sade parfois insupportable. Du coup les gens ne le lisent pas, même s'ils en parlent beaucoup. Au mieux, ils se contentent de parcourir les pages qui se lisent d'une main. Ces pages ne sont pas forcément les moins intéressantes, bien entendu. Elles ne devraient quand même pas faire oublier les autres, celles qu'il faut lire des deux mains... faute, comme un singe, d'avoir le privilège de quatre mains pour se livrer à ce loisir. Pour faire bref, je vais m'en tenir à l'homme – mais ce qui est vrai pour l'espèce humaine est vrai à un certain degré de toutes les espèces. Tous les êtres vivants s'inscrivent en effet dans un processus qui est de l'ordre de l'histoire. L'évolution des espèces s'est faite une fois, pas deux. Revenons à un point de cette évolution qui se situe il y a environ 600 millions d'années – au moment où les futurs arthropodes se sont séparés des futurs vertébrés. Il s'agit d'un moment important dans l'histoire de l'évolution, un moment qui nous permet de dire que nous avons un ancêtre commun avec la mouche.

Si donc par la pensée nous nous situons à ce point de bifurcation et si nous remettons le compteur non pas à zéro mais à moins 600 millions, nous devons bien constater qu'il n'y avait pratiquement aucune chance pour que, 600 millions d'années plus tard, l'humanité soit là. L'histoire du vivant s'est ainsi inscrite dans une durée. Et cette histoire du vivant pousse en avant. Ce disant, je ne me rallie pas aux thèses de Pierre Teilhard de Chardin. Référence philosophique pour référence philosophique, je serais en revanche, en un sens, très bergsonien, car le matérialisme anti-mécaniciste de Bergson me paraît constituer une arme intéressante contre la religion positive.

Donc l'histoire des espèces se fait une fois – pas deux. Il en va de même de l'histoire des individus. Elle ne se fait qu'une fois et s'inscrit dans une durée. Nous sommes ainsi, pour reprendre les termes mêmes de Bergson, poussés par notre histoire. Mais avec lui on peut également affirmer que cette histoire est une histoire sans fin, sans finalité et à chaque instant imprédictible, ouverte sur une infinité de possibles. C'est en cela que Bergson s'avère plus matérialiste que beaucoup de ceux qui brandissent très haut ce drapeau philosophique. Son anti-mécanicisme en fait un matérialiste. Et il montre très bien la solidarité qui unit le finalisme au mécanicisme puisque, si l'on veut être conséquent, le mécanisme étant donné, la fin doit aussi l'être, du même coup.

Or, ce qu'il y a d'extraordinaire dans l'évolution des individus, c'est qu'il n'y a pas de fin assignée à ce processus. Finalement, Pic de la Mirandole a bien raison de dire que l'individu n'est que ce qu'il devient ; c'est-à-dire, qu'à chaque instant il n'est jamais que ce qu'il est, différent de ce qu'il était l'instant précédent et de qu'il sera l'instant suivant. En fait, il n'y a que des individus dans la nature. Et nous autres, individus humains, nous sommes des individus extrêmes. Mais en même temps, si je parle de *moi*, ce *moi* n'existe pas au sens d'une identité substantielle. Raison pour laquelle il ne peut y avoir de « biologie de la conscience », quoi qu'on en dise. Une telle biologie serait une biologie de quelque chose qui n'existe pas, puisque ladite conscience est en perpétuel devenir.

On voit là en quoi la biologie est une science qui entretient un rapport bien particulier avec l'universel. Elle nous donne à connaître les conditions universelles de l'existence de ce processus d'individuation. Mais quant à expliquer *qui* est Pierre et *qui* est Paul chacun dans la singularité de son être, c'est-à-dire de son histoire propre, elle ne le peut pas. Il est important de comprendre cette situation en apparence paradoxale. Et les biologistes doivent, si frustrant que cela soit, admettre cette limite au pouvoir de leur science. Il n'y a là aucune honte à avoir, car ce n'est déjà pas mal de déterminer les conditions universelles d'existence des singularités... Je gage que cela nous occupera encore longtemps !

Parmi ces conditions universelles, je me contenterai d'évoquer l'un des moteurs essentiels de cette individuation : le système nerveux. On a pu établir qu'il n'est jamais terminé, ce qui fait que nous continuons tout au long de notre vie individuelle à être construits par notre histoire. Chaque fois qu'il nous arrive quelque chose, nous changeons, et ne sommes plus le (ou la) même. Cette importance de l'histoire dans la construction d'un individu explique pourquoi il ne peut y avoir d'humanisme qui tienne : nous sommes tous totalement différents. Et nous ne sommes semblables que dans la mesure où nous avons des histoires semblables. Nous sommes nés par exemple sous le même méridien – il y a du Montesquieu dans Sade –, nous sommes nés sous les mêmes latitudes, nous appartenons à la même classe sociale, nous avons la même couleur de peau, nous avons été élevés ou non dans une famille chrétienne ou bien nous avons appris en Papouasie-Nouvelle-Guinée des rites de passage à l'âge adulte, au nombre desquels une fellation qui en enverrait plus d'un en prison, s'il vivait aux États-Unis.

S'il y a de l'universel dans les constructions sociales, cet universel apparaît donc très local. Pour se construire, cet humanisme qui est partout très différent a besoin de conditions que la biologie lui apporte, mais ce n'est pas la biologie qui définit l'humanisme. S'il n'y a que des individus dans la nature, des individus qui changent tout le temps, cela veut dire qu'on ne peut inscrire des normes sociales dans une nature humaine. Aujourd'hui nous voulons imputer des normes à des structures biologiques, plutôt que de les rattacher à des lois divines. Dieu n'existe plus, affirme-t-on, mais c'est la nature qui, depuis le Siècle des Lumières, le remplace. Franz Josef Gall, avec sa fantastique théorie des localisations cérébrales, s'affirmait comme un homme de progrès et il a une longue descendance. On cherchait le territoire cérébral de la piété filiale ou de l'amour maternel, on traque maintenant le chromosome du crime ou le gène de l'homosexualité ou d'autres caractères comportementaux à partir desquels on essaye de déduire des lois naturelles qui pourraient définir un nouvel humanisme.

Si l'on accepte une telle démarche, on pourra dire en effet que la biologie est un humanisme ! Mais si, au contraire, on dit, comme je le soutiens, que chaque individu secrète sa propre morale parce que chacun est le produit de sa propre histoire ; si l'on admet qu'en dehors de toutes valeurs sociales il n'y a aucune raison de dire que la morale d'un individu a plus de valeur que celle d'un autre, si de surcroît la biologie démontre qu'il n'y a que des individus dans la nature, alors c'est le fondement biologique de tous les humanismes qui se trouve sapé. C'est ce que dit Sade : « ni Dieu ni Nature ». Et c'est pour cela que Sade est l'un des plus grands philosophes de la nature. C'est la raison pour laquelle aussi le biologiste, et en particulier le neurobiologiste s'il n'est pas un prêtre positif, s'il ne se donne pas pour but de reconstruire l'Église d'Auguste Comte, doit se refuser à fournir les bases prétendument naturelles d'un nouvel humanisme. J'ai bien le sentiment ici d'aller à contre-courant, car on n'a rarement vu une telle puissance du positivisme. Le succès institutionnel et mondain des sciences cognitives en témoigne. Pourtant, si le biologiste refuse de se transformer en prêtre positif, la réponse à la question de Dominique Lecourt est claire : non, la biologie n'est pas un humanisme ; la biologie rend impossible tout humanisme qui se voudrait fondé sur la biologie.

Dominique Lecourt : Je crois que cette question manifeste un tournant. Elle a son fondement parce que les prêtres positifs, comme tu le dis, se multiplient. Il restera à s'empailler sur la notion d'histoire parce que je perçois dans tes propos quelques glissements.

Il va nous falloir discuter. Une façon de lancer la question, c'est de partir de ce qu'a dit Alain Prochiantz et qui pouvait passer pour une précaution oratoire : « je suis un biologiste, je suis un savant et je ne vais pas m'égarer sur le terrain des philosophes, des psychanalystes et des théologiens ». Evidemment, la première chose qu'il a faite ensuite, c'est de se mettre les pieds dedans et de piétiner les plates-bandes ! Au fond cela consiste à affirmer en tant que savant, que nous continuons à être construits par notre histoire tout au long de notre vie. Cette thèse me paraît manifester que dans la biologie d'Alain Prochiantz, souterrainement mais suffisamment à fleur de roche, il y a de la philosophie qui s'exprime, contrairement à ce qu'il laisse entendre. Que cette philosophie ne soit pas la philosophie humaniste, c'est-à-dire qu'elle refuse d'adhérer à l'idée que la biologie pourrait par elle-même définir un idéal d'homme auquel nous serions contraints d'adhérer, je le comprends. Mais, je trouve que cette petite précaution est déloyale. Il faudrait qu'Alain Prochiantz reconnaisse qu'il fait de la philosophie et il s'agit de savoir si cette philosophie vaut mieux que d'autres ? C'est toujours risqué. Par exemple, Jean Gayon avait relancé la formule de cet extraordinaire article de Canguilhem sur le vivant et son milieu. L'enracinement des exigences de la dignité humaine dans les valeurs de la vie, est-ce que le biologiste-philosophe Alain Prochiantz adhère à cette vue ? ou est-ce qu'il la refuse ?

Alain Prochiantz : J'ai une grande admiration pour Canguilhem même si je pense qu'il a dérapé deux ou trois fois, en particulier sur le *logos* en 1969 sous l'effet de fascination exercé par le code génétique, dans le « Concept de la vie ». Mais nous ne sommes pas là pour faire le procès de Canguilhem qui nous a appris à penser philosophiquement l'histoire de la biologie. Penser. Justement, il faudrait revenir sur la définition de la pensée. Lorsque je dis que je ne suis pas philosophe quand je mets mon chapeau de biologiste, cela veut dire que le concept de pensée en biologie ne peut pas être le même que le concept de pensée dans d'autres disciplines, par exemple en anthropologie, philosophie, ou psychanalyse. La biologie n'a pas pour fin de remplacer ou de biologiser tous les autres champs de savoir, avec lesquels elle cohabite, même si les frontières entre champs sont amenées à bouger dans des guerres sympathiques. Si je devais donner, pour revenir à Canguilhem, une définition de ce qu'est la pensée comme concept biologique, je dirais que la pensée se définit comme le rapport adaptatif que les corps vivants entretiennent avec leur milieu au cours de leur évolution, au double sens d'évolution des espèces et d'évolution des individus. De ce fait, la pensée n'est pas déposée dans le cerveau, elle n'est nulle part, elle est un rapport. Et je crois que, d'une certaine façon, Canguilhem ne dit pas autre chose, c'est-à-dire que tous les corps pensent, qu'il n'y a pas de corps sans pensée. Les bactéries pensent, les plantes pensent, si on accepte cette définition biologique, bien entendu. Et il n'y a pas bien sûr de pensée sans corps. Je suis désolé mais, de nouveau, c'est Sade qui trace ici le chemin. Autour de ces définitions conceptuelles précises, les discussions entre champs peuvent s'articuler et je maintiendrai que je ne suis pas philosophe lorsque je manie des concepts opérant dans le champ de la biologie. Même si, bien entendu, je sais que la biologie a une histoire, que c'est une discipline, pas un objet réel mais un corpus théorique construit sur le doute et le risque. Il faudrait lever une ambiguïté, ce n'est pas parce qu'on ne peut fonder un humanisme universel sur un biologisme que des groupes ou des ethnies aux histoires culturelles particulières ne sont pas en droit – au sens juridique du terme – de penser des humanismes particuliers même si l'on peut contester leur propension à vouloir universaliser par le feu ces humanismes locaux.

Gérard Klein : J'ai bien aimé, Dominique Lecourt, que vous partiez de la Renaissance parce que cela permet d'introduire une question qui était jusqu'ici absente du débat, une des grandes questions de la Renaissance, qui était : y a-t-il d'autres humanités dans l'espace ? Ce n'est pas une question mince, elle fut agitée dès la fin du XVe siècle par Nicolas de Cuse, par Giordano Bruno, par des théologiens et des philosophes... par Galilée et par Képler et nous en trouvons encore des traces dans l'œuvre du jeune Kant. Et cette question qui avait des racines dans l'Antiquité pose une question à la fois aux théologiens et aux philosophes quant à la définition de l'humanisme. Une réponse qui est proposée : c'est que l'homme est un animal et n'est pas un animal, l'homme est cela qui reconnaît l'homme. Que l'homme ait quatre bras comme on l'imagine ou qu'il ait des couleurs abracadabrantes, il peut être reconnu comme homme et cela prend parfois des dimensions amusantes lorsqu'il s'agit de se poser la question de savoir si telle ou telle espèce de singes est humaine ou pas humaine. L'homme est ce qui reconnaît l'homme. Et si, sur un autre monde, on se trouvait en face d'hommes, l'homme serait celui qui sait qu'il est en face d'hommes même s'ils sont très différents. Cela me permet d'interroger la position d'Alain Prochiantz à propos de Sade, parce qu'il me semble qu'il y a un humanisme chez Sade et c'est ce qui est inquiétant parce que les personnages de Sade, que j'ai lu à une, deux, quatre mains comme on joue du piano, choisissent de soumettre, de torturer en général d'autres êtres humains et non pas des mouches qui sont nos cousines ou d'autres animaux ; il y a donc une reconnaissance qui correspond tout à fait à la question. C'est une réponse posée à la Renaissance. Aujourd'hui, si nous reformulons la question de la Renaissance avec un appareil scientifique bien plus considérable, nous sommes obligés de nous demander si sur d'autres mondes d'autres biologies peuvent supporter d'autres humanités en tant que nous les reconnaîtrions comme humaines.

Alain Prochiantz : Vous avez tout à fait raison, dans les personnages de Sade il y a toutes les facettes possibles de toutes les perversions les plus violentes et les plus destructrices que Sade reconnaît comme faisant partie de l'humanité. Et ce qu'il reconnaît aussi c'est que chaque individu arrive à son plaisir par des voies qui lui sont propres, idiosyncrasiques, solipsistes, ce qui peut arriver évidemment à pousser à l'extrême certaines tendances fâcheuses. C'est pourquoi il faut des lois, et Dieu merci, comme dirait l'autre, il y a des lois. Si nous laissions chaque individu aller au fond de sa nature propre, on aboutirait à l'équation sinistre du Château de Silling. De ce point de vue, la leçon de Sade est extrêmement claire et ses positions politiques affichées sont les suivantes : autant il peut comprendre – ce qui ne veut pas dire refuser de punir – le meurtre dès lors qu'il est l'expression d'une passion individuelle, autant il le condamne dès lors qu'il est froidement assenée par un appareil d'État. A tel point qu'il a failli y laisser la vie puisqu'il était contre la peine de mort, sous la Terreur. Je crois qu'il faut lire les fables sadiennes avec une certaine attention car elles sont extrêmement édifiantes ; non seulement Sade est un grand philosophe de la nature, mais il est aussi un très grand moraliste.

Dominique Lecourt : Cela dit, la question de la pluralité des mondes ne se réduit à celle de la pluralité des humanités...

Un responsable de « La libre pensée » : Je suis responsable de la commission philosophie de la Fédération nationale de la libre pensée. On nous a dit que le sujet du Forum était plus que d'habitude une provocation, mais je pense qu'il faut faire attention aux provocations, moi qui ai vécu mai 1968, je me rappelle le triptyque provocation, répression, mobilisation. J'ai l'impression que dans le débat nous en sommes à la répression et je voudrais poser la question de la mobilisation. Je m'explique sur le mot de répression. Après avoir entendu Prochiantz et Fédida, j'en arrive à me demander : faut-il désespérer de l'humanisme ? Et je me disais, en tant que libre penseur : est-ce que les matérialistes – parce que

Alain Prochiantz, me semble-t-il, se réclame du matérialisme, Pierre Fédida en tant que psychanalyste même d'origine lacanienne, je ne sais pas mais il doit certainement se réclamer lui aussi du matérialisme – je me demandais donc : est-ce que les matérialistes vont laisser le champ libre au Frère Dominicain parce que, si je suis d'accord pour dire qu'il n'y a pas forcement d'humanisme fondé sur la biologie, je pose une question : y a-t-il un humanisme fondé sur le matérialisme et sur l'athéisme ? Je ne voudrais pas être trop long, donc je précise : je voudrais dire à Pierre Fédida que je ne suis pas d'accord avec la formule qui consiste à dire que la psychanalyse n'est pas un humanisme. Pour moi elle l'est. Et je pense qu'y compris les problèmes que vous avez abordés par rapport à *Malaise dans la culture,* il me semble que les problèmes posés par Freud, et je sais que certains scientifiques se posent la même question, y compris des biologistes, tournent autour de la question de savoir si l'espèce humaine ne serait pas une espèce qui n'aurait qu'un seul but, se détruire et s'autodétruire. C'est le problème de la pulsion de mort, mais chez Freud, il y a les pulsions de mort mais aussi les pulsions de vie et la dialectique... J'en reviens à Alain Prochiantz car il me semble qu'il est intéressé par les pulsions de mort, ce qui nous ramène à Sade parce qu'il y a chez lui une notion fondamentale : la pulsion de mort. Juste un mot sur Sade, il y a chez lui une grande ambiguïté. Il est vrai que nous pouvons considérer qu'il est le père du républicanisme, « Français, encore un effort pour être républicains », et l'on peut aussi considérer qu'il est le père du totalitarisme et du fascisme. Je dirais, humanisme ou pas, Sade invite à poser une question fondamentale, celle du contrat social, y compris dans une société où l'on nie radicalement Dieu. Je termine. Je fais donc appel à la mobilisation des matérialistes pour ne pas désespérer et surtout pour ne pas laisser le champ libre aux théologiens et vous me permettrez en tant que libre penseur... Frère Arnould, vous nous avez fait le numéro du théologien qui est un chercheur et donc qui est ouvert à tout, mais la recherche ne va tout de même pas jusqu'à remettre en cause le dogme et vous nous avez réaffirmé ce soir le dogme de la christologie et vous nous avez réaffirmé que pour vous l'humanisme repose sur la christologie. Je pense donc en fait que le débat entre les théologiens, les matérialistes et les athées, est toujours le même. Et je ne voudrais pas qu'après que dans les années 60, les philosophes structuralistes aient développé une pensée anti-humaniste, la fameuse pensée 68, je ne voudrais pas que dans les années 90 les plus grands scientifiques, les plus grands biologistes et matérialistes scientifiques se situent sur le terrain de l'anti-humanisme et laissent l'humanisme uniquement aux Églises.

Dominique Lecourt: Eh bien, voilà au moins une déclaration en bonne et due forme. Puisque je vais me sentir visé par la mention des philosophes des années 60, je vous répliquerai que décidément vous ne comprendrez jamais ce qu'a signifié la position de l'anti-humanisme théorique de tous ces gens-là. Ils s'opposaient à cette position qui consiste à ériger l'Homme avec un grand H en fétiche que l'on adore comme le Frère Arnould révère Jésus-Christ. Ils avançaient l'idée que, pour avoir une action réellement humaniste, au sens pratique de l'humanité que nous invoquons tous, il fallait d'abord comprendre la condition humaine, en se décentrant par rapport à cette forme d'adhésion à une valeur posée sans discussion. J'ai vu de près les ravages qu'a produit cette obstination à ne pas vouloir comprendre depuis vingt ans, je le regrette d'autant plus que ce combat nous l'aurions volontiers partagé. Alain Prochiantz n'est pas un pauvre scientifique que l'on va prendre au piège et qui va ouvrir la voie aux pervers théologiens, il n'est pas si naïf que vous semblez le croire. Mais vous êtes là immuable... Je fais un appel à la mobilisation des libres penseurs : qu'ils exercent leur libre pensée contre le dogme qu'ils ont adopté... Je pense qu'il y a un vrai débat entre nous, mais pas du tout sur le thème : vous vous êtes laissé égarer dans les années 60 par la pensée 68, structuraliste ! Donc : « vous vous êtes laissé égarer », voici l'humanisme, c'est le seul drapeau qui veille ! Eh bien non, je pense qu'il y a à discuter.

Frère Arnould : Si j'avais une mobilisation à prôner, cela serait par rapport effectivement au risque actuel des courants spiritualistes. Il y a des places libres laissées à tout et n'importe quoi. Il ne s'agit pas de se retrouver contre les mouvements spiritualistes, ésotériques, etc., et de faire une sorte d'union sacrée, si je puis dire, momentanée, il ne s'agit pas du tout de cela. Mais, il me semble qu'il faut être clairvoyant, en sachant sur quoi l'on s'appuie afin de construire une pensée. Ce vague magma que l'on nomme le New Age, le nouvel âge, est dangereux, je suis d'accord avec vous. Mais il faut être clairvoyant même dans les attaques que l'on peut porter contre les Églises. Il y a des Églises officielles, il y a des petites Églises. Il ne faut pas tomber dans une sorte de confusion comme l'a fait allégrement, excusez-moi du jeu de mots, Claude Allègre, l'an dernier dans son livre, qui avait au moins l'intérêt de pouvoir susciter un débat, mais dans lequel il y avait une quantité d'erreurs ; il ne connaît rien à la tradition chrétienne, ce n'est pas de sa faute, mais il y a des choses qui sont à préciser. Dominique Lecourt connaît aussi bien que moi la question des revendications des créationnistes, qui sont des revendications chrétiennes dans lesquelles je ne me reconnais pas du tout. On peut s'amuser d'envoyer des piques mais je trouve aussi que cela est un peu trop facile. Il ne faut pas faire de confusion entre les jésuites et les dominicains, ni entre les Églises qui ont encore des théologiens qui cherchent en s'appuyant sur des dogmes et des Églises qui n'ont jamais eu de théologien et dans lesquelles la discussion n'existe pas. Même si le théologien peut faire un numéro – nous avons une longue histoire chez les dominicains pour faire des numéros. Je voudrais reprendre la question sur la pluralité des mondes parce que nous avons été confrontés à une autre question. Non celle de la pluralité des mondes mais simplement la pluralité du monde. C'est la controverse de Valladolid, les Indiens ont-ils une âme ? Il n'y a pas besoin d'aller sur Mars pour se poser la question. Cette question reste actuelle. Il y a, derrière, la question de l'individu. J'aimerais aller plus loin sur la question de l'individu, la manière dont vous définissez l'individu. Dans la tradition chrétienne, il y a de nombreuses manières de comprendre le principe d'individuation. C'est une vieille question ; il y a deux écoles au moins. Une qui intègre davantage la biologie que l'autre et pour moi c'est une question essentielle dans cette question d'humanisme et pour la tradition chrétienne aussi.

Gérard Klein : La question : les Indiens ont-ils une âme ? ne s'est jamais posée dans ces termes-là pour autant que je sache. Je fais allusion à toute une série de controverses sur la pluralité des mondes habités qui est un vrai problème qui a été assez bien résumé par un philosophe anglais il y a une dizaine d'années. Je ne crois pas que l'on puisse l'évacuer car il y a aussi de nombreux textes, les uns utopiques, les autres relevant du voyage extraordinaire de l'époque sur : qu'est-ce que c'est que ces hommes, ces humanités que l'on rencontre ailleurs ? Et cela ne se pose jamais dans les termes de cette controverse largement faussée.

Jacques Arnould : Cette controverse n'en existe pas moins, quelle qu'en soit l'image qu'on en a eue.

Alain Prochiantz : Dominique Lecourt a soulevé la question de l'altruisme, donc du gène de l'altruisme parce qu'en fait la sociobiologie se trouve derrière ce débat. A partir du moment où le développement d'un individu est un développement social, son individuation dépendra de ses interactions sociales. Toute société a inventé des règles d'interactions sociales qui permettent le développement des individus dans cette société. Il est cependant intéressant de voir qu'il n'y a que 5 ou 6 systèmes de parenté. Cela suggère l'existence de règles héritées de nos ancêtres, les singes, quelques règles d'interactions sociales qui seraient portées par la génétique.

Dominique Lecourt : Est-ce cela que tu appelles l'histoire ?

Alain Prochiantz : Non, ce n'est pas cela. La constitution en société, ou en groupe, est nécessaire au développement de l'individu. Cette individuation ne peut se faire que dans le cadre d'une interaction sociale. Il se peut que la naissance de l'homme, l'apparition des sociétés humaines, ait demandé que soient génétiquement sélectionnées, au cours de l'évolution, quelques règles de base qui permettent la constitution d'une communauté ou d'un embryon de communauté. Il me semble que sur le plan du matérialisme, du « déterminisme » génétique, cela serait bon à creuser. Mais à partir de ces quelques règles, avec l'invention du langage, qui a fait sortir l'homme de la nature, la part d'individuation sociale est devenue considérable. L'homme est sorti de la nature, la nature de l'homme c'est de ne pas en avoir, de nature.

Dominique Lecourt : Cela dépend de ce que l'on entend par nature lorsqu'on parle de sortir de la nature. L'homme en est sorti en y restant.

Alain Prochiantz : Bien entendu, mais il n'y a pas de déterminisme génétique du développement des individus. Il y a une enveloppe génétique qui est le résultat d'une histoire évolutive et, à l'intérieur de cette enveloppe évolutive et au plus haut degré chez l'homme parce que c'est lui qui a développé les possibilités de socialisation les plus fortes grâce notamment à l'invention du langage, il y a un nombre infini de constructions possibles pour un même individu. C'est-à-dire que ce que vous avez au départ, c'est une possibilité et vous avez une actualisation qui est infinie au cours de l'existence. C'est ce qu'on pourrait appeler un individu-processus. Supposons, Frère Arnould, que par un hasard quasi miraculeux, en sortant de cette salle vous rencontriez une jeune femme ou un jeune homme et que vous en tombiez amoureux, éperdument.

Votre venue à ce débat se sera ouvert sur un champ infini d'autres possibles. C'est ce que j'appelle l'individuation, ce n'est jamais terminé.

Un psychiatre dans la salle : En tant que matérialiste, je n'ai pas la même conception de la psychanalyse que Pierre Fédida, mais je pense à quelqu'un comme Gisela Pankow qui, à propos de la psychose et du travail auprès des psychotiques, a une notion qui me paraît extrêmement riche lorsqu'elle parle des lois immanentes du corps. Or, c'est quelque chose dont on pourrait donner une interprétation matérialiste ou au contraire que l'on pourrait traduire en termes d'immatérialisme, ce qui ne veut pas dire idéalisme ou je ne sais quel spiritualisme désincarné. Quelque chose qui serait à la limite entre la science biologique et la philosophie de la nature au sens aristotélicien. Parmi ces lois immanentes du corps, Gisèle Pankow inclut la notion même de la symbolique langagière avec quelque chose qui est loin d'être réductible, me semble-t-il, à du biologique. Parler d'un corps vivant qui serait pensant, qu'est-ce que cela veut dire ? On a déjà parlé du panpsychisme ou du panvitalisme, cela ne date pas d'aujourd'hui, et ce n'est pas les applications des thérapies dites cognitivistes qui voudraient s'appuyer sur la biologie ou la physiologie du cerveau... qui viendront éclairer les choses. C'est dire que dans un débat comme celui-ci, il est très difficile d'utiliser les mêmes mots en leur donnant le même sens.

Dominique Lecourt : Ce qui m'étonne, c'est que vous le regrettiez parce que si nous en étions réduits à utiliser les mêmes mots dans le même sens, quelle tristesse, nous n'arriverions même plus à ne pas être d'accord et donc à penser. Et cette remarque venant d'un psychanalyste me fait même, à vrai dire, un peu peur.

Une participante : Je veux revenir sur cette notion de vocabulaire parce que ce qui me frappe, c'est qu'à la fin du 2e millénaire, on utilise toujours les mêmes termes de « nature », condition humaine... Je voudrais demander à Alain Prochiantz d'expliquer ce que signifie le terme d'espèce et à Dominique Lecourt la différence entre nature humaine, et condition humaine.

Dominique Lecourt : La question de la nature est visiblement importante. Lorsque je parle de nature, je l'entends pour ma part en un sens spinoziste. Dieu c'est la nature ; mais la nature c'est Dieu... c'est une pure puissance de production des êtres, et ce qui les définit c'est leur puissance d'affirmer leur essence. Cette définition a pu être considérée comme du panthéisme, une des accusations contre Spinoza, mais elle a pu aussi être considérée comme le comble du matérialisme, ce qui n'a pas non plus facilité la vie de Spinoza. Sur ces questions-là, il me semble que nous ne disposons pas d'une infinité de possibilités, nous avons à jouer avec ces mots, même si cela est tout à fait déplaisant pour un scientifique de penser qu'on ne peut arrêter la signification d'un mot. Sur le langage des sciences il y aurait beaucoup à dire, mais enfin, lorsqu'on arrête la signification d'un mot pour désigner un concept défini, on ne doit pas oublier que cet arrêt s'effectue dans l'ordre de la pensée et que l'on se trouve donc nécessairement dans l'ordre de l'équivoque et de la métaphore.

Alain Prochiantz : En science aussi.

Dominique Lecourt : Oui, on peut faire un jeu réglé de métaphores. C'est justement l'un des biais par lequel les scientifiques ne peuvent pas manquer d'être philosophes parce qu'ils sont obligés d'avoir recours à ces métaphores dont nous vivons. Alain Prochiantz emploie le mot de nature d'une certaine façon qui n'est pas nécessairement celle que j'avais en tête en vous répondant et lorsqu'il dit que l'homme n'a pas de nature au sens où les animaux en ont une...

Alain Prochiantz : J'ai mon concept de nature. Bien sûr, il participe de celui des autres mais il m'est aussi idiosyncrasique. On pense avec des mots ; chapeau au langage d'une certaine façon. Je ne pense pas que l'on puisse entamer ce débat maintenant bien qu'il soit très intéressant parce qu'il touche à quelque chose qui est jointif entre les sciences et des champs de savoirs plus littéraires. Il est faux de croire que la pensée scientifique est pure logique ; lorsque les sciences inventent, elles se mettent au risque de la littérature. A l'extrême pointe de la pensée logique, là où il y a un saut à faire, il y existe un risque qui est de l'ordre du littéraire. Ce serait un autre débat à mener, mais il y a des langues techniques que l'on essaie de rendre le plus technique possible mais qui n'échappent jamais à la force poétique. Et c'est pour cela qu'il y a une pensée scientifique, sinon il suffirait de mettre toutes les connaissances dans un ordinateur pour donner le fin mot des sciences. Toute l'histoire des sciences nous enseigne que cela ne se passe pas comme ça. Voilà qui devrait faire l'objet d'un Forum Diderot entier. Pour ce qui est de l'histoire du concept d'espèce, il me semble que c'est à Jean Gayon de s'exprimer parce que c'est un concept qui a une histoire, il n'est pas le même aujourd'hui que ce qu'il a été au XVIIe et au XVIIIe siècle et les découvertes dans les théories de l'évolution, l'évolution même des théories de l'évolution font que le concept d'espèce a lui-même évolué.

Jean Gayon : Le concept d'espèce a une incidence énorme sur la question de la nature humaine et en même temps n'en a aucune. Pourquoi ? Ce concept d'espèce a connu une modification, une métamorphose considérable depuis environ un ou deux siècles. Depuis l'Antiquité, espèce, *species* en latin, était la traduction d'*eidos* en grec que l'on traduit parfois par essence, c'est-à-dire une classe d'êtres caractérisée par des propriétés communes, inéchangeables, inaltérables. Ce qu'a modifié l'évolutionnisme, c'est qu'à ce concept d'espèce comme une classe logique on a substitué la représentation d'un ensemble d'êtres qui progressivement se modifient. Ce concept moderne, ce concept biologique d'espèce, est bien évidemment incompatible avec le vieux concept philosophique de l'espèce comme essence ; il suffit pour le comprendre de se représenter le destin d'une espèce sur 500 000 ans, 1 000 000, 2 000 000 d'années. Les transitions insensibles qui mènent d'une espèce à l'autre montrent qu'une espèce biologique ne peut être une bonne classe logique, cela n'a pas de nature, ça n'a pas d'essence. Voilà en quoi il y a un lien entre la question de l'espèce humaine et la question de la nature humaine. Mais, par ailleurs, ce lien n'est que théorique, il ne prend sens que si l'on se situe du point de vue de l'épistémologie de l'évolution à une très grande échelle temporelle ; maintenant si nous nous situons comme homme du XXe siècle ou même homme à l'échelle des temps historiques, cohabitant sur la planète, à ce moment-là, l'évolutionniste dirait plutôt que ce que l'on appelle espèce humaine, c'est un ensemble d'hommes qui *grosso modo* ont des caractéristiques très homogènes, des caractéristiques morphologiques, des caractéristiques psychologiques, nous partageons tous le langage, un certain nombre d'aptitudes techniques. Autrement dit, à l'échelle où nous vivons, il est raisonnable de considérer en un certain sens qu'il y a une nature humaine et c'est cela qui importe du point de vue du débat pratique. Je ne crois pas qu'il faille mobiliser la notion évolutionniste d'espèce, quelque chose qui change indéfiniment, dans un contexte d'un débat sur ce pour quoi compte le concept d'humanité dans la pratique.

Alain Prochiantz est directeur du laboratoire de développement et évolution du système nerveux (CNRS) à l'École normale supérieure. Il est l'auteur notamment des *Stratégies de l'embryon* (PUF), *La construction du cerveau* (Hachette), *La biologie dans le boudoir* (O. Jacob) et *Les anatomies de la pensée* (O. Jacob).

Sur l'illusion humaniste

Les avancées contemporaines de la biologie et des biotechnologies mettraient-elles à ce point en danger la dignité de l'homme qu'il serait devenu nécessaire d'en appeler à un « nouvel » humanisme chargé d'intégrer les découvertes et d'assurer ainsi un *concept de civilisation* scientifique contre les dangers du réductionnisme moléculaire ? On sait que les développements de l'éthique biomédicale – jusque dans l'appel que celle-ci ne manque pas d'adresser aux sciences juridiques – peuvent être considérés comme contribuant à une volonté humaniste d'inscrire les progrès des sciences du vivant dans l'ordre symbolique de la culture et de maintenir ainsi une légitimité humaniste aux transformations de toutes sortes qu'ils entraînent. Et, dans cette perspective, la psychanalyse n'est-elle pas, avec la philosophie, prioritairement sollicitée pour rappeler que l'individu humain ne saurait se concevoir comme la résultante d'un développement biologique et neurobiologique et qu'il s'inscrit par sa subjectivité dans une histoire personnelle où interviennent les fonctions du langage et la place du sujet de l'inconscient.

Pourtant, doit-on rappeler ici que la critique moderne de l'humanisme – avant qu'elle ne soit argumentée par Cl. Lévi-Strauss et par L. Althusser – a été engagée par la pensée freudienne comme une de ces illusions de la synthèse philosophique lorsqu'elle revendique pour l'homme une intégration des composantes de sa nature dans ses idéaux spirituels ou en leur nom. Freud tient, on le sait, à ce qu'il appelle « progrès dans l'esprit » et développement dans la civilisation. Mais rien ne serait plus étranger à la psychanalyse que la volonté intellectuelle de faire prévaloir une vocation spirituelle de l'homme et de la culture pour les mettre à l'abri d'une négativité – voire d'une destructivité – qui est à l'œuvre dans toutes expressions humaines et dont le seul recours est la névrose et ses symptômes dans la protection de la vie. Autrement dit, la psychanalyse freudienne ne peut que dénoncer l'illusion humaniste comme une de ces idéologies du moi faisant résistance à l'analyse elle-même. Les échanges de lettres de Freud avec L. Binswanger, S. Zweig, O. Pfister témoignent diversement de cette méfiance nécessaire à l'égard des entreprises philosophiques d'idéalisation des valeurs humaines au prétexte de sauver l'homme au nom de la conscience et de la responsabilité. Et, en sollicitant la mémoire phylogénétique de l'humanité de même que la régression hallucinatoire, toute la démarche psychanalytique se doit de prendre en compte la primitivité inconsciente et pulsionnelle qui se laisse lire jusque dans les formes les plus élaborées des objets de la culture. Lorsqu'on sait l'immense intérêt porté par Freud aux productions littéraires, artistiques et religieuses de la vie psychique et de la sexualité, on doit certainement se garder d'une accusation de réductionnisme avancée par les tenants de l'humanisme. Et les tentatives des sciences dites « humaines » pour intégrer la psychanalyse aux dépens des sciences de la nature prennent valeur de détournement d'une méthode qui, dans sa transversalité, reconnaît pleinement les apports des disciplines « humanistiques » (linguistique, anthropologie, sciences des textes, etc.) sans avoir, pour autant, à en confondre les pratiques avec les professions de foi humanistes. Les sciences du vivant pourraient, à cet égard, se retrouver aujourd'hui dans une position critique comparable à celle de la psychanalyse : s'il ne saurait être question de contester la spécificité de l'humanité pas plus que la singularité du développement de l'individu humain, il ne revient pas à une biologie de se donner vocation de « biologie humaine » pas plus qu'il ne lui revient d'ailleurs de fonder un ordre éthique et psychologique auquel serait confié le soin de l'intégrer dans un nouvel humanisme. Reviendrait-il donc aux sciences du vivant de dénoncer désormais l'illusion humaniste ?

On sait que la qualification de *psychique* – et, notamment, afin de désigner une modalité de la vie du vivant humain – sert généralement à souligner le rôle dévolu à des processus venant, en quelque sorte, complexifier les déterminations purement biologiques (on dirait ici physiologiques) de la vie dans ses aspects développementaux. Parler de « vie psychique » ne consiste donc pas seulement à produire une entité d'ordre paralléliste mais à marquer l'incidence de représentations, de pensées, d'émotions et d'affects sur l'évolution favorable ou défavorable de troubles somatiques pourtant bien réellement observés. Il n'est pas surprenant que les psychanalystes aient, très tôt, attiré l'attention sur les conditions dans lesquelles s'acquiert et se développe chez le très jeune enfant une vie psychique en relation avec des interactions précoces et en étroite dépendance avec une conservation dépressive de la vie. A cet égard, on pourrait tenir pour l'un des objectifs principaux de la psychothérapie analytique de ré-instaurer les possibilités d'une vie psychique chez des patients livrés à l'autocratisme de leurs troubles organiques : la première conception freudienne de l'auto-érotisme (par opposition à l'auto-conservation) est certainement à l'origine d'une théorie assez largement répandue de la fonction restauratrice et thérapeutique du transfert qui implique que la guérison ne peut se produire à partir de soi seul et seulement. C'est pourquoi la notion de *vie psychique* est d'emblée apparue à S. Ferenczi comme procédant d'une remise en mouvement d'Éros qui a besoin de l'*autre* pour rendre vivant ce qui a été violenté, abandonné et laissé pour mort. Il est d'ailleurs fort remarquable que l'auto-érotisme de la vie psychique pouvant être réveillé dans le traitement analytique suppose le sens du tact et du contact ainsi qu'une perception par le patient et le praticien des rythmes sensoriels de la distance interpersonnelle. Certes, chez certains psychanalystes comme Ferenczi, la métaphore reste une métaphore de la pulsation vitale : et la tentation n'est pas négligeable de procéder ainsi à une phénoménologie psychologique du vivant. Mais quelles que soient les analogies de la vie psychique avec les formes les plus élémentaires de la vie, on reste avec des images d'inspiration vitaliste dont l'imagination et l'usage appartiennent à la technique psychothérapique et ne sauraient valoir pour théorie. L'inspiration interprétatrice toute goethéenne d'une vie psychique par des formes vivantes – aussi éloignées que possible d'un « psychocentrisme » et d'un anthropomorphisme – n'est, certes, pas récusée par Freud qui en fait usage maintes fois. Mais l'intérêt d'« appareiller » le psychique plutôt que de lui attribuer analogiquement vie répond à cette considération que c'est métaphoriquement – voire sur un mode mythique – que les humains parlent d'eux-mêmes et de leurs états internes et qu'il nous faut nous garder d'inférer de là des processus physiologiques et biochimiques que nous ne pouvons connaître par ce moyen. Freud met en garde tous ceux qui, pour de bonnes raisons, voudraient donner une interprétation psychanalytique à des phénomènes relevant d'une autre connaissance : il nous faut donc en rester à la seule parole pour espérer pouvoir agir. Et celui – tel V. von Weizsäcker – qui rêve de faire appel à la psychanalyse pour redonner un humanisme à la médecine, se voit rappeler qu'il faut en rester à ces expressions toujours géniales de la langue commune que les symptômes suggèrent spontanément aux patients, puisque ce sont avec de telles expressions souvent forgées *pour nous* que nous venons à donner langage à nos interprétations. L'anatomie fantastique du génie hystérique et l'invention physiologique à laquelle elle donne lieu par le symptôme ouvrent la voie à l'*expérience de la déformation* – de l'« informe », dirait Georges Bataille – qui est la contestation par excellence de la représentation humaniste. Le rêve fait paradigme pour cette raison-là : rien n'est reconnaissable ici comme projet humaniste de connaissance de soi. Et il nous faudrait de même ajouter que – à strictement parler – il n'y a pas d'autre « vie psychique » que celle des formations hallucinatoires du rêve, du délire, du transfert, dont la compréhension théorique ne peut se faire qu'au moyen du schéma d'un appareil comparable à un microscope ou un télescope. Le modèle optique de cet appareil devrait dissuader toute tentative phénoménologique. Car, en fin de compte, ne serait-ce pas dans une phénoménologie de la conscience, de la vie psychique ou de l'esprit que viendrait se réfugier un humanisme pour la biologie ?

Il ne faudrait certainement pas compter sur la doctrine freudienne pour soutenir un projet humaniste de la biologie. Mais il n'est pas certain que l'évolution à venir de la psychanalyse aille dans ce sens. Les synthèses vont vite, sans doute même plus vite que les symptômes ! Et on assiste déjà – parfois par la voie d'un recours aux sciences cognitives – à la construction spéculative de ces « ponts » destinés à servir de passage mystique entre les opérations fines et complexes du cerveau et des formes humainement reconnaissables du désir, de l'amour et de la haine, de l'intersubjectivité des valeurs humaines. L'humanisme deviendrait-il le nouveau slogan de l'efficacité et de la réussite ?

Pierre Fédida.

Pierre Fédida, professeur à l'Université Paris 7 – Denis-Diderot, est membre de l'Association psychanalytique de France et de l'Association psychanalytique internationale.

Dernier ouvrage paru :

Le site de l'étranger – La situation psychanalytique, PUF, 1995.

Dans la même collection

L'embryon humain est-il humain ?
19 octobre 1995
Pierre FÉDIDA, Jean-François MATTEI,
Alain PROCHIANTZ, Claude SUREAU,
Charles THIBAULT, Dominique THOUVENIN
Débat animé par : Dominique LECOURT

La fin de la vie : qui en décide ?
31 janvier 1996
Emmanuel DESVEAUX, Pierre FÉDIDA,
Marie DE HENNEZEL, Claudine HERZLICH,
Yvon LAMOUR, Robert ZITTOUN
Débat animé par : Dominique LECOURT

La pensée est-elle un produit de la sélection naturelle ?
21 mai 1996
Christian DE DUVE, Boris CYRULNIK, Pierre FÉDIDA,
Patrick LACOSTE, Pascal NOUVEL,
Jean-Didier VINCENT
Débat animé par : Dominique LECOURT

Demain, les psychotropes ?
26 novembre 1996
Guy DARCOURT, Pierre FÉDIDA, Roland JOUVENT,
Pierre SIMON, Daniel WIDLÖCHER, Édouard ZARIFIAN
Débat animé par : Dominique LECOURT

Les sciences humaines sont-elles des sciences de l'homme ?
28 janvier 1997
François EWALD, Luc FERRY, Pierre-Henri GOUYON,
Dominique LECOURT
Débat animé par : Pascal NOUVEL

Vers de nouvelles maladies
20 mai 1997
Rony BRAUMAN, François DELAPORTE, Gabriel GACHELIN, Jean-François GIRARD, Jean-Louis VILDÉ
Débat animé par : Dominique LECOURT

La sexualité a-t-elle un avenir ?
16 décembre 1997
Daniel BORRILLO, Pierre FÉDIDA, Geneviève FRAISSE, Jean GAYON, Jann MATLOCK, Dana RUDELIC-FERNANDEZ
Débat animé par : Dominique LECOURT

La bioéthique est-elle de mauvaise foi ?
23 avril 1998
Pierre-Henri GOUYON, Dominique LECOURT, Dominique MEMMI, Jean-Paul THOMAS, Dominique THOUVENIN
Débat animé par : Dominique LECOURT

La biologie est-elle un humanisme ?
19 mai 1998
Jacques ARNOULD, Pierre FÉDIDA, Jean GAYON, Dominique LECOURT, Alain PROCHIANTZ
Débat animé par : Dominique LECOURT

Faut-il vraiment cloner l'homme ?
20 octobre 1998
Jean-François COLLANGE, Louis-Marie HOUDEBINE, Claude HURIET, Dominique LECOURT, Jean-Paul RENARD, Jacques TESTART
Débat animé par : Pascal NOUVEL

Imprimé en France
Imprimerie des Presses Universitaires de France
73, avenue Ronsard, 41100 Vendôme
Mars 1999 — N° 46 206

Cet ouvrage a été composé par
I.G.S. - Charente Photogravure à L'Isle-d'Espagnac (16)